# 작은집

# 작은집
르코르뷔지에

이관석 옮김

열화당

# 차례

작은 집 ——————————————— 7

호숫가 작은 집 ——————————— 17

집들도 백일해(百日咳)에 걸린다 ————— 59

1945년의 그림들 ———————————— 65

범죄 ——————————————————— 83


옮긴이의 주(註) ———————————— 86

옮긴이의 말 —————————————— 87

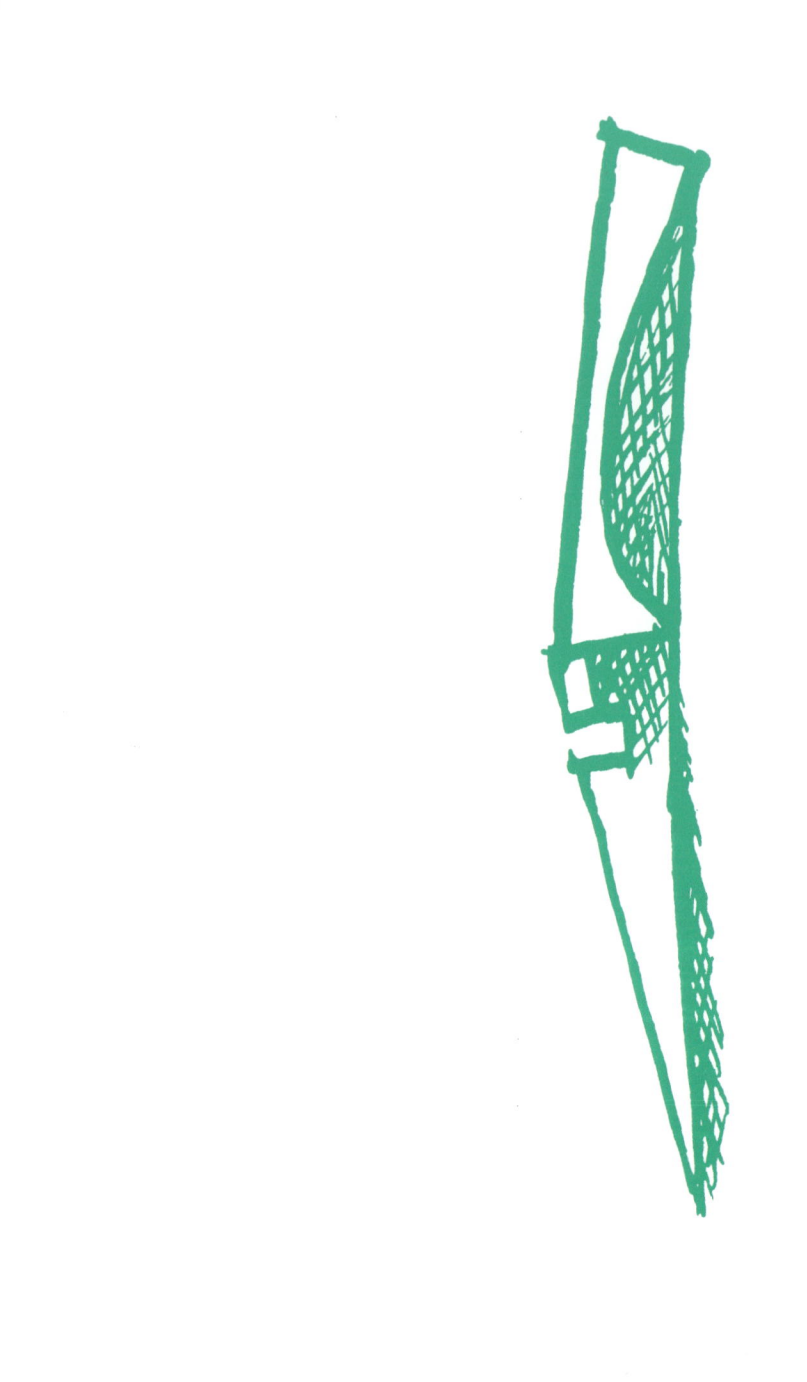

# 작은 집

Une petite maison

지역.

*레만 호수.

# 대지…

레만 호수(Lac Léman)가 있는 이 지역은 포도밭이 계단식으로 층층이 경작되는 곳이다. 줄지어 선 축대의 총길이를 합산하면 무려 삼만 킬로미터에 이른다.(지구를 일주하는 여행 거리의 사분의 삼에 달한다!) 포도원에서 일하는 사람들은 건강하다! 이 축대는 족히 몇백 년은 된, 아마도 천 년은 됐을 작품이다.

 이 작은 집은 은퇴하신 나의 아버지와 어머니가 노후를 보내실 곳이다. 어머니는 음악가셨고, 아버지는 자연에 심취하셨던 분이다.

 1922년과 1923년에, 나는 파리와 밀라노 사이를 운행하는 급행열차나 파리와 앙카라를 잇는 동방특급열차를 여러 차례 탔다. 그때 나는 주택의 도면을 호주머니에 넣고 다녔다. 대지가 정해지기도 전에 그린 도면을? 그 집에 알맞은 대지를 찾아 주기 위한 도면을 갖고 다녔다고? 정말 그랬다.

 이 계획안의 첫번째 전제는 다음과 같았다. 태양이 남쪽에 있을 것.(고맙게도 늘 그랬다) 작은 언덕 앞 남쪽으로 호수가 펼쳐질 것. 호수와 그곳에 비치는 알프스 산맥이 동쪽에서 서쪽으로 군림하면서 앞에 서 있을 것. 계획안을 결정짓는 것은 이것이다. 남쪽을 면해 폭 사 미터의 집이 길게 뻗는데, 그 길이는 십육 미터다. 창문의 길이는 십일 미터다.('하나'의 창문이 그렇게 긴 것에 유의하길)

 두번째 전제는 '주거 기계(la machine à habiter)'다. 개별 기능들에 정확하게 들어맞는 치수들은 최대한의 공간 이용이 가능하도록 해 준다. 공간들을 실용적으로 배열하면서 경제적이고 효율적으로 집을 계획하는 방안이다. 각각의 기능들에 맞는 최소한의 면적만 할당되어 전체 바닥면적은 오십사 제곱미터였다. 단층 주택을 그린 도면을 완성하니 통로를 포함한 총면적이 육십 제곱미터였다.

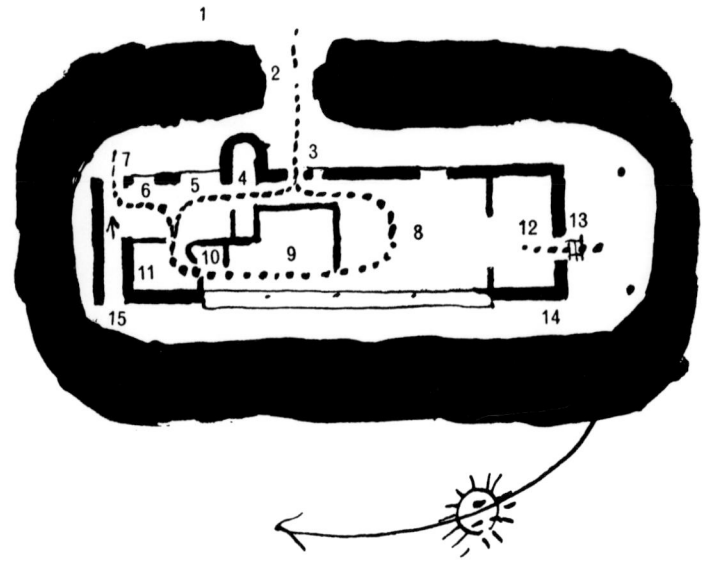

순환동선.

# 결과: 순환동선.

1 도로. 2 대문. 3 현관문. 4 중유(重油) 보일러실. 5 부엌. 6 세탁장(과 지하실로 내려가는 계단). 7 안뜰 출입문. 8 거실. 9 침실. 10 욕실. 11 옷을 말릴 수 있는 건조실 겸 보관실. 12 작은 손님방.(바닥과 같은 높이의 침대가 하나 있고 그 위에 긴 의자로도 사용되는 두번째 침대가 있다) 13 정원 쪽으로 열려 있는, 지붕이 덮인 로지아(loggia).[1] 14 집의 정면과 십일 미터 길이의 창문. 15 지붕으로 오르는 계단.

주머니 속에 도면을 넣고 다니며 오랜 기간 대지를 찾았다.
여러 차례의 숙고 끝에 어느 날, 작은 언덕 위에서 마침내 적합한 땅을 발견했다.(1923년)

그곳은 호수에 면해 있었다. 그 땅이 이 작은 집을 기다리고 있었던 것 같았다. 포도를 재배하는 땅 주인 가족은 호감이 갈 정도로 상냥했다. 함께 '한잔' 마셨다.

*호수.
**대지.

대지를 발견했다.

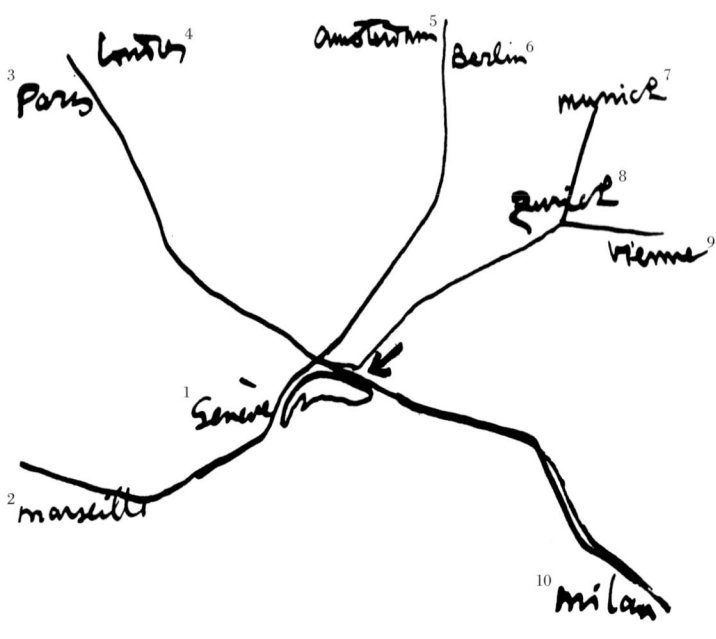

지리.

1. 제네바
2. 마르세유
3. 파리
4. 런던
5. 암스테르담
6. 베를린
7. 뮌헨
8. 취리히
9. 빈
10. 밀라노

**대**지의 지리적 상황이 우리의 선택을 확증해 주었다. 밀라노, 취리히, 암스테르담, 파리, 런던, 제네바, 마르세유 등을 잇는 급행열차가 다니는 역이 걸어서 이십 분 만에 닿을 수 있는 가까운 곳에 있다.

도면이 대지 위에 자리잡았다. 마치 손에 장갑을 끼듯이 꼭 들어맞았다. 호수는 창문에서 사 미터 앞에 있었고, 도로는 문 뒤로 사 미터 떨어져 있었다. 다뤄야 할 면적은 삼백 제곱미터 정도로, 세상에서 가장 아름다운 수평선들 중 하나인, 건물 때문에 망쳐져서는 안 될, 비길 데 없이 훌륭한 전망을 제공한다.

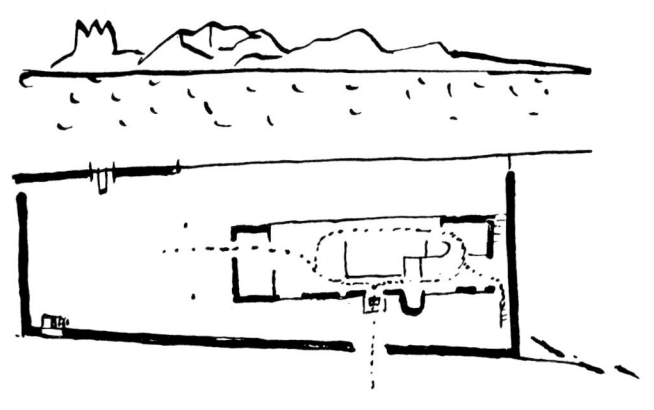

도면이 자리잡았다….

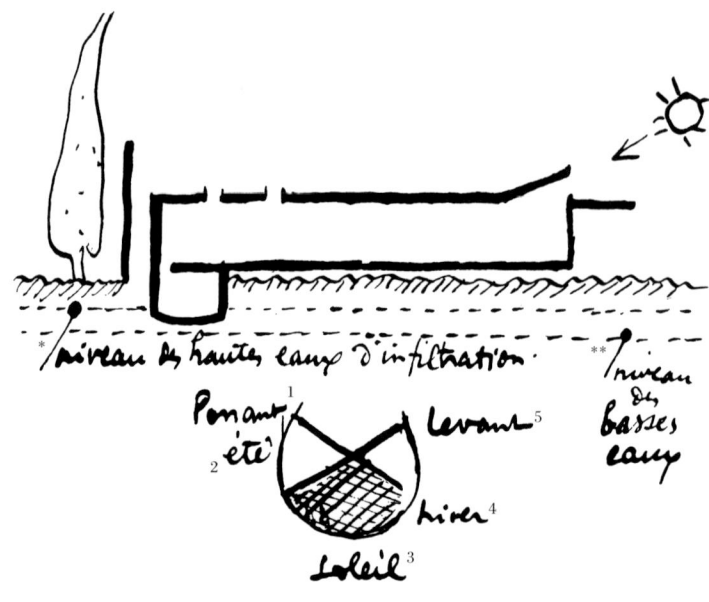

단면도.

*물이 찼을 때의 수위.
**물이 빠졌을 때의 수위.

1. 대서양
2. 여름
3. 태양
4. 겨울
5. 지중해

집의 높이는 이 미터 오십 센티미터다.(법규상 최소 높이) 이 집은 태양을 향해 길어진 상자다. 떠오르는 해는 비스듬한 채광창을 통해 한쪽 끝에서 받아들여진다. 그 후에 해는 온종일 집 앞을 순회한다.

태양, 공간, 푸르름… 등을 얻었다.

우리는 백 년 전부터 쌓여 있던 흙으로 조성된 낡은 둑 위에 서 있다. 이 버팀벽은 매년 팔십 센티미터를 오르내리는 호수의 물을 막고는 있지만 그 뒤로 물이 스며든다. 이것이 어떤 결과를 초래하게 될지… 그 당시에는 전혀 몰랐다.

사람들은 "호수에서 사 미터 되는 곳에 짓는다고? 당신 미쳤군! 류머티즘에 걸려 고생할 거고, 호수에서 반사되는 눈부심도 견디기 힘들걸!" 하고 말했다.

'사람들'은 관찰하지도, 심사숙고하지도 않는다.

류머티즘? 주전자에 물을 끓이면 증기는 어디로 가는가? 주전자 위쪽으로 가지, 절대 주전자 옆에 머물지 않는다. '습기로 인한 류머티즘'(그리고 대부분의 류머티즘)은 높은 곳, 즉 수면보다 오십 내지 백 미터 높은 언덕 위에 사는 사람들이 잘 걸린다. 습기는 주전자 위쪽에 있다!

눈부심? 태양은 우리 앞을 지나 동쪽에서 서쪽으로 이동하며 하지(夏至) 때에만 천정(天頂)에 이른다. 입사각이 이 작은 집을 통과하는 일은 결코 없다. 입사각은 수면보다 오십 내지 백 미터 위인 언덕에 사는 사람들의 눈을 부시게 한다. '사람들'은 입사각에 대해 무지하다.

이 작은 집은 르코르뷔지에와 피에르 장느레[2]가 설계한 도면에 따라 1923-1924년에 지어졌다.

# 호숫가 작은 집

La petite maison

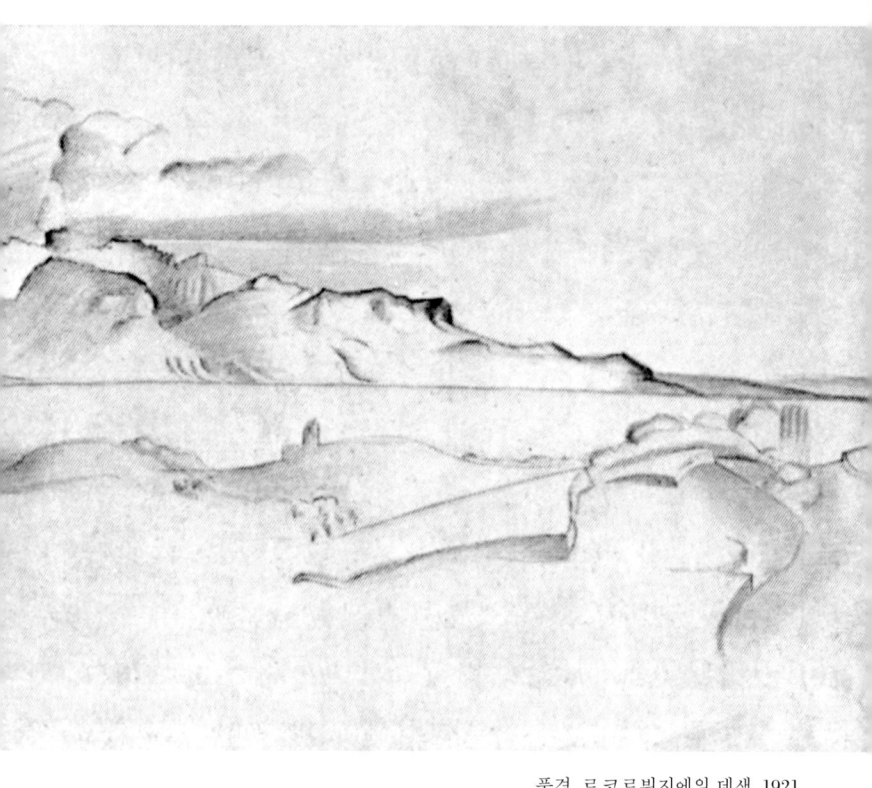

풍경. 르코르뷔지에의 데생. 1921.

나의 아버지는 이 집에서 일 년간 사셨다. 이곳의 풍경은 그를 매료시켰다. 그는 뇌샤텔(Neuchâtel) 산맥의 천 미터 고지에서 일하면서, 우리가 자연의 풍성함에 눈뜨게 해 주셨다.[3]
그 지역은 메마르고 거칠었다. 지평선을 가로막고 있는 한쪽은 산맥의 끝자락이자 프랑스의 론(Rhône) 강에서 시작하여 쥐라(Jura) 산맥을 오르는 계단의 마지막 디딤판이었으며, 또 다른 한쪽은 두(Doubs) 강에 의해 형성된 깊고 좁은 골짜기였다. 이 '감춰진' 계곡은 고립되어 과거에는 사람이 살지 않았다. 칠백 년 동안 그곳은 '은신(隱身)의 땅'이 됐다. 그러던 어느 날 가혹한 기후는, 아래로 내려가길 원하고 그럴 수 있었던 사람들을 포도가 자라는 레만 호수로 내려오게 했다.

**1923**년만 해도 이 '목자의 길(Chemin Bergère)'은 거의 방치돼 있었는데, 시온(Sion)의 주교 관구(管區)와 로잔 및 제네바의 주교 관구들을 잇던 고대 로마시대의 도로였다. 1930년경에 모든 일이 갑자기 일어났다. 도로정책을 맡은 당국에서 스위스와 이탈리아를 잇는 알프스 산도(山道)인 생플롱(Simplon) 국제 도로를 직선화하기

길.

입구.

위해 이 오래된 길을 선택한 것이다. 그 이후로 교통 소음은 목가적 고요함을 내쫓아 버렸다. 다행히도 이 작은 집의 정면은 다른 쪽으로 향해 있었기에 보호될 수 있었다.

공사를 위한 예산은 극히 적었다. 시공자들은 이런 유의 건축물을 별로 중시하지 않았다. 그러나 나는 파리에 있었기 때문에, 시공자를

대문.

현관문은 수국 뒤에 있다.

믿는 수밖에 없었다! 벽은 시멘트와 모래를 섞은 콘크리트로 만든 '속이 빈 블록'(추위와 더위에 좋지 않은 전도체다)으로 쌓았다.

이것이 어느 날씨 좋은 날, 쥐라의 고지대 농가들에서 혹독한 기후에 맞서기 위해 흔히 사용되는 함석판을 집의 북쪽 면에 덧댄 이유다. 유용한 이 외장재는 보기에도 제법 그럴싸하다.

함석 지붕판으로 마감.

정확하게 이때쯤에 이랑진 알루미늄으로 동체를 만든 상업용 비행기가 등장했다.(브르게[4]) 이 작은 집은 (사전에 그럴 의도는 없었지만) '시대의 첨단'을 걷고 있었다.

여기서 보이는 담장은 북쪽과 동쪽을 향한 전망을 차단하고 남쪽과 서쪽으로는 전망을 부분적으로 가리는 역할을 한다. 긴 안목으로 보면, 어느 방향에서나 보이는 압도적인 풍경은 사람을 피곤하게 하기 때문이다.

전망을 가리는 담장.

개의 도약대.

이런 조건들로는 '인간'이 더 이상 '보지' 못한다는 것을 눈치챘는지?
풍경에 의미를 부여하려면 철저한 해결책을 통해 풍경을 한정짓고
크기를 결정해야 한다. 전략적 지점에 뚫린 개구부(開口部)를

인간적 척도를 부여하다.

통해서만 방해받지 않는 조망을 가능케 하고 나머지 전망은 담장들로 가리는 것이다.

여기에 적용된 해법은 북쪽, 동쪽과 남쪽의 벽이 십 제곱미터의 아주 작은 '정원'을 에워싸 실내화(室內化) 된 녹색의 방으로 만드는 것이었다.

개를 즐겁게 해 주기 위해(이것은 가정에서 중요한 일이다) 길가 보행자들의 다리 길이쯤 되는 높이의 창살 난간에 작은 도약대를 마련했다. 개는 그곳을 매우 즐긴다! 개는 현관에서 도약대가 있는 난간까지 이십 미터 거리를 질주해 와 미친 듯이 짖는다!

인간적 척도를 부여하다.

$\mathbf{남}$쪽 담장에는, 이 도약대의 밖으로 트인 창에 '상응하는' 정사각형 개구부(인간적 척도를 느끼게 해 주는 오브제)가 뚫려 있다. 이것은 또한 그늘과 시원함을 제공하기 위함이기도 하다.

갑자기 담장이 끝난다.

산책이 제대로 가동됐다.

**갑**자기 담장이 끝나고 멋진 경관이 펼쳐진다. 빛, 공간, 물과 산….
자, 산책이 제대로 가동됐다!

원기둥.

여기서 이 외벽은 폭이 사 미터다. 정원 쪽으로 난 문, 세 단의 계단, 로지아의 모습이다.

직경이 육 센티미터인 원형의 금속 기둥 하나가 로지아 지붕을 받친다.
 위로 올라갈수록 돌을 들여쌓아 두께가 얇아지는 호숫가의 오래된 담장이 차지한 이곳은, 물과 산이 어우러져 직각의 교차라는 멋진 모습을 보여 준다.

사 미터….

집 안으로 들어선다.
　십일 미터 길이의 창문이 집에 품격을 준다!
　이것은 창문의 역할에 대한 새로운 가능성을 위해 고안된 구조상의 혁신이다. 집의 구성체이자 가장 중요한 특징이 되는 것이다.

미닫이 창, 선반, 상인방.

가장 핵심적인 장소에 창턱의 높이, 상인방(上引枋)의 높이, 커튼 분할법("집을 위한 좋은 계획은 커튼 봉에서부터 시작한다"고 이 르코르뷔지에는 단언한다), 매우 날씬한 지지대(콘크리트나 고철로 채워져 상인방에 고정된 직경 팔 센티미터의 강관(鋼管)) 등을 통해

떠오르는 해가 이 채광창을 통해 들어온다…. →

균형미를 집 안에 정착시킨다. 드물게 쪽문(경제성과 안락함을 위해)들이 있고, 등등…. 창문의 웅변적인 형태. 우리는 잠시 후에 이 창문을 밖에서 다시 만날 것이다.

원기둥.

밖에서 본 십일 미터의 창문.

셔터의 구동축과 기계장치는 외부에 있다. 이 셔터는 전통적인 창의 덧문을 관통해 들어오는 차가운 공기를 차단해 준다.

그러므로 이 창문은 이 입면(立面)에서 유일한 행위자(acteur)다.

창문.

진정한 '건축적 요소'.

그러나 집의 제일 끝부분에 진정한 '건축적 요소'가 있다.
(오 비놀 씨,[5] '실례!') 벤치로 이용되는 판자가 있고, 그 뒤에

건축.

세 개의 작은 수평창들이 지하실을 밝힌다. 그것은 행복을 주기에 충분하다.(동의할 수 없다면, 그냥 지나쳐 주시길!)

올라간다….

지붕으로 올라간다.

십오 내지 이십 센티미터의 흙.

지붕으로 올라간다. 지붕에 오르는 것은 이전 여러 세기 동안 몇몇 문화권에서 누렸던 즐거움이었다.

철근 콘크리트 덕분에 가능해진 옥상 테라스에는 십오 내지 이십 센티미터 두께의 흙이 덮여 '옥상정원(toit-jardin)'이 됐다.

우리가 그곳에 있다. 지금은 팔월의 삼복더위다. 잔디는 바싹 말랐다! 아무래도 좋다! 각각의 조그마한 싹들이 그림자를 만들고, 밀집한 뿌리는 두꺼운 단열층을 형성한다.

열과 냉기를 차단하고 어떠한 유지비도 필요로 하지 않으면서 무료로 온도를 조절한다.

여기에 빗물을 배출하는 구멍이 있다.

여기에 빗물을 배출하는 구멍이 있다. 배수관은 곧바로 집 중심부를 횡단한다.(세면대, 욕조, 싱크대를 위한 배관처럼)

세탁장과 건조실 등을 밝히는 채광창들(타르로 봉인된 유리판) 중 하나다.

채광창.

가을의…

주목! 지금은 구월 말이다. 가을꽃이 피어나고, 야생 제라늄이 만든 두꺼운 카펫이 가득 펼쳐져 옥상은 다시 한번 푸르러졌다. 놀라운 광경이다. 봄이면 풀이 나고 꽃이 핀다. 여름에는 무성한 풀들이 길게 자라 초원이 된다. 옥상정원은 해, 비, 바람과 씨를 옮기는 새들의

…야생 제라늄.

도움을 받으며 자생한다.

  (마지막으로 방문했던 1954년 사월, 옥상은 물망초의 푸른색으로
완전히 덮여 있었다. 물망초가 어떻게 이곳으로 왔는지 아무도
모르겠지?)

…우리가 기댄 곳이 배의 난간인지… 지붕의 가장자리인지….

지붕 위를 걷다….

여기는 도둑고양이들을 위한 더없는 기쁨의 장소다.
땅으로 내려온다.

지붕에서 내려가다….

여기는 예전에 능수버들이 있었다.

보아라! 거의 삼십 년이 지나 외벽에는 흉터가, 타르로 틈을 메운 자국들이 있다. 이는 집의 주름, 염증이고 류머티즘이다.

독자 여러분, 1923년에는 이 대지가 벌거벗은 상태였음을 잊지 마시길. 버팀대에 기댄 한 그루의 벚나무만이 세 개의 잔가지를 내고 있었다. 지금은 충분한 그늘이 있고 햇빛은 잘 배분된다.

건물을 짓자마자 우리는 나무를 심기 시작했다. 모두 어리고 가늘었던 전나무, 포플러, 가지가 늘어진 버드나무, 아카시아와 오동나무였다.

이미 말한 것처럼, 호수의 물이 축대 뒤로 스며들었다. 태양은 내리비치고, 땅은 데워지며, 물은 미지근해지고, 나무는 자란다….

벚나무는 많이 자라, 키 큰 소년이 됐다. 나의 어머니는 이 나무에서 겨울 내내 먹을 수 있는 잼을 만들기에 충분한 버찌를 얻으셨다.
　전나무는? 포플러에 좋지 않은 그림자를 드리워서 베어내야 했다.
　포플러는? 어마어마하게 자랐다. 우리는 톱으로 절반을 잘라냈다. 후에 그 뿌리들이 작은 집의 조촐한 기초들을 (멀리서나마) 건드려서

상처 자국들….

결국 뿌리째 뽑아 버렸다.
 아카시아는? 이웃의 양상추 밭에 그림자를 드리워, 이 역시 제거됐다.

오동나무만 홀로 남아 있다.

벚나무와 오동나무.

능수버들은? 가지가 너무 처져서, 침실의 햇빛을 빼앗아갔다. 잎사귀가 호수의 물에 적셔졌다. 얼마나 시적인 풍경인가! 하지만 이 버드나무도 베어졌다!

그래서 크기만 크고 바보 같은 잎이 달린 오동나무만 남았다.

그 줄기는 거대하고, 민들레로 뒤덮인 초원처럼 담쟁이덩굴로 덮여 있다. 가지는 사방으로 뻗으며 정역학(靜力學)의 법칙에 도전한다. (소용돌이 모양의 까치발[6]을 땅에 박아 놓은 것처럼)
매년 우리는 '그것의' 가지 하나씩을, 다시 말해 더 이상 용납할 수 없게 된 가지 하나씩을 잘랐다.

벚나무와 오동나무.

물.

호수에서 찍은 앞의 사진은 두 생존자인 벚나무와 오동나무를 보여준다. 집에서 사 미터 떨어진 오래된 벽이 그 지역에 부는 돌풍 '보데이르(Vaudeyre)'로 인해 가끔씩 모든 것을 휩쓸어 가듯 맹렬하게 흔들리는 레만 호수의 푸른 물을 막고 있다.

집들도 백일해百日咳[7]에 걸린다

Les maisons aussi attrapent la coqueluche

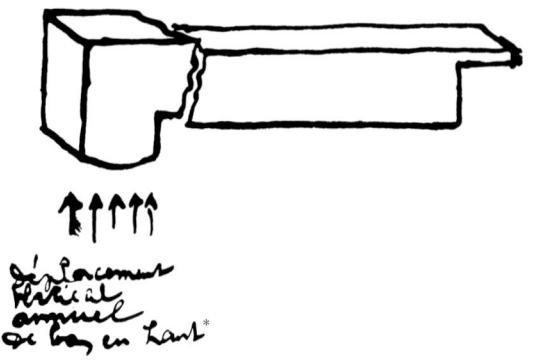

방수가 되는 지하실은 배였다.

*아래에서 위로 매년
수직적 변위가 일어난다.

무슨 일이 일어날 것 같았다.

이 집이 아주 싸게 지어졌다는 것을 잊지 말자.

이상한 시련이 건물을 덮쳤다. 한곳에서 곧게 가로질러 균열이 발생했다. 방수 처리를 한 지붕이 파국을 막았지만, 무엇이 문제였는지를 알아야 했다. 우리는 조사를 시작했다.

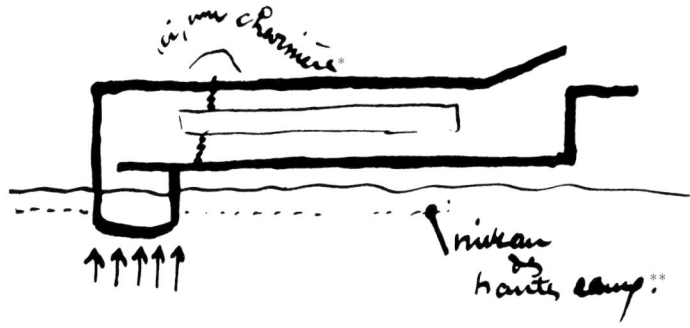

수위가 높을 때는 이음매가 작동한다!

*여기에 이음매가 있다.
**높은 수위.

 어느 날 우리는 물의 수위가 높으면 레만 호숫가에 있는 집들에 균열이 생기고, 수위가 내려가면 그 틈이 저절로 닫힌다는 말을 들었다. 웃기는 호흡이 아닌가!
 아르키메데스[8]는 액체에 빠진 어떠한 물체든, 밀려 나간 액체 무게만큼의 부력을 받는다고 주장했다….

더구나, 알루미늄 피막은 더위와 비로부터 보호해 준다.

놀랍게도 우리는 집의 가장 서쪽 기둥들 사이에 위치한, 방수가 된 작은 지하실이 '수위가 높을 때' 떠 있는 배가 됨을… 그래서 고(故) 아르키메데스가 너무나 좋아했던 부력을 받음을 알아챘다. (여기서 당국이 제네바에 있는 론 강의 수문을 개방하여 일 년에 한 번 수위를 팔십 센티미터 낮춰, 둑 근처에 사는 사람들이 필요한 수리를 할 수 있게 한다는 점을 알아야 한다.)

매년 호숫가에 있는 오래된 집들의 벽에 균열이 생기지만, 아무도 염려하지 않는다. 기와지붕들은 거의 아무런 영향도 받지 않는다. 그러나 균열이 생긴 콘크리트 집은 모양이 흉해진다.

옥상 테라스 위에 유연하고 얇은 동판 조각으로 만든 이음매를 설치했다. 그러나 물리학 실험을 매년 지켜보는 흥분을 피하기 위해 남쪽 입면은 얇은 알루미늄 피막으로 덮었다.

그렇게 된 것이다.

사진들은 르코르뷔지에의 요청으로 브베이에서 사진을 가르치는
피터(Peter) 교수가 찍었다.

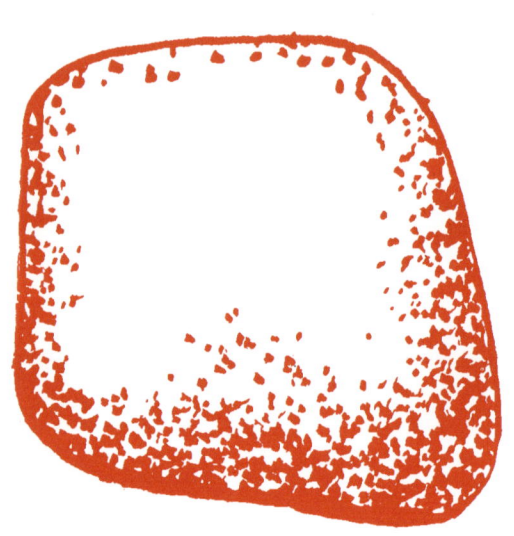

# 1945년의 그림들

Dessins de 1945

이 작은 집이 지어진 지 이십 년 후, 나는 편안한 마음으로 이 집을 그리는 즐거움을 누렸다. 이 그림들은 사람들이 집에 관한 알맞은 형식 탐구에 무관심했던 시기인 1923년, 단순한 해법에 담긴 건축적 특징들을 확인시켜 준다.

  1951년 구월의 마지막 그림은 나의 어머니의 구십일 세 생신을 기념하여 그린 것이다.

à 91 ans, Marie Charlotte
amélie
Jeanneret Perret
règne sur le soleil, la lune,
les monts, le lac et le
foyer, entourée de l'admiration
affectueuse de ses enfants   10 septembre 1951*

* 태양, 달, 산, 호수와 가정 위에 군림하면서도 자식들에게는 다정한, 많은 이들이 탄복하는
눈길로 바라보는 구십일 세의 마리 샤를로트 아멜리 장느레 페레.⁹ 1951년 9월 10일.

81

# 범죄

Le crime

이 작은 집이 1924년에 완공되어, 나의 아버지와 어머니가 그곳에 정착하실 수 있게 됐을 때, 인근 지방자치단체의 시의회가 모여 이런 종류의 건물이 '자연을 거스른 범죄'를 저지른다는 결정을 내렸다. 일종의 경쟁자들이 생기는 것을 염려했는지(누가 알겠나?) 그들은 이 집을 모방하는 것을 절대 금지했다….

옮긴이의 주(註)

1. 한쪽 벽이 없이 트인 방이나 홀을 이르는 말.
2. Pierre Jeanneret. 르코르뷔지에보다 아홉 살 연하의 사촌동생으로, 르코르뷔지에가 1922년 파리 세브르가 삼십오번지에 설계사무실을 열었을 때부터 함께 일했다. 기술적 혁신을 따르면서도 실용적이고 창의적인 감각을 타고난 피에르는 르코르뷔지에의 새로운 아이디어와 계획안을 성취시키기 위한 구체적인 해결책을 찾아냈다.
3. 뇌샤텔 산맥에 위치한 인구 삼만의 도시 라쇼드퐁(La Chaux-de-Fonds)에서 회중시계 덮개의 문양을 조각하고 에나멜 칠을 하는 직업을 가졌던 부친 조르주 에두아르 장느레(Georges Édouard Jeanneret)는 이 작은 집으로 이사 와 일 년밖에 살지 못하고 사망했다.
4. Breguet. 1911년에 창립된 항공기 제작사로, 전투기나 폭격기 등을 먼저 만들다가 1919년에는 민간항공기도 제작했다.
5. 바로크 시대 이탈리아 건축가로 장식에 정통했던 비뇰라(Giacomo de Vignola, 1507–1573)를 말한다. 르코르뷔지에는 이 건축가를 근대건축이 극복해야 할 대상으로 여겨, 자신이 쓴 다수의 책에서 여러 번 거론했다. 비뇰라가 중시했던 것과는 아주 다른 평범한 건축적 요소들에서 르코르뷔지에는 의미를 찾는다.
6. 선반이나 탁자 따위의 널빤지를 버티어 받치기 위해 수직면에 대는 직각 삼각형 모양의 나무나 쇠.
7. 보르데텔라 백일해균(Bordetella pertussis)에 의한 감염으로 발생하는 호흡기 질환. 여기서는 땅 위에 지은 작은 집이 예상치 않은 호수의 수압에 의한 부력 때문에 문제가 발생한 것을 백일해에 걸린 것에 비유했다.
8. Archimedes(B.C.287?–B.C.212). 지렛대의 원리, 부력의 원리, 구의 표면적과 부피, 원주율 등을 발견한 고대 그리스의 수학자이자 물리학자.
9. Marie-Charlotte-Amélie Jeanneret Perret. 르코르뷔지에의 어머니.

옮긴이의 말

# 호숫가 작은 집, 그 의미와 가치

건축 역사에 길이 남을 탁월한 건축물들을 다수 남긴 르코르뷔지에게, 아직 자신의 건축 철학과 기량이 원숙해지기 이전에 레만 호숫가에 지은 '작은 집(La petite maison, 1923-1924)'은 어떤 의미였을까. 1952년 병상의 아내를 위해 지중해 연안 카프 마르탱(Cap Martin)에 지은 원룸 형식의 작은 오두막을 제외하면, 이 집은 그가 지었던 건축물 중 가장 작다. 그는 왜 하고많은 작품들 중 하필 이 '작은 집'을 위해 몸소 편집하여 책까지 냈을까. 그것도 완공된 지 삼십 년이 지난 후에. 상대적으로 덜 알려진 이『작은 집(Une petite maison)』(1954)을 번역하면서 이전에는 미처 떠올리지 못했던 질문을 하게 됐다. 묻고 나니 답은 자명했다. 어떤 면에서는 이 집이 그가 가장 아꼈던 작품이라는 것이었다. 그에게 이 집은 마음의 고향이라고 할 만큼 소중했을 것이다. 첫번째는 그곳에 살았던 가족들 때문이고, 두번째는 스위스 최초의 근대 건축물이라 할 수 있는 이 '작은 집'이 갖는 건축적 가치 때문이다.

르코르뷔지에는 어릴 때부터 자신을 알프스 산맥 속으로 데리고 들어가 웅장한 대자연을 경험하게 해 준 아버지로부터 관찰력을, 피아니스트이자 음악교사였던 어머니로부터는 열정을 물려받았으며, 유년시절에 이미 엄격한 청교도적 생활자세, 예술에 대한 순수한 열정, 불굴의 실천의지를 키워 나갔다. 비록 아버지는 이 집에 이사 온 지 일 년 만에 별세했지만, 그가 깊이 존경하고 사랑했던 어머니는

1960년 백 세의 나이로 영면하기까지 삼십육 년간 이곳에 거주했다. 그래서 이 집은 어머니의 집으로 불리기도 한다. 그 후 바이올리니스트이자 작곡가인 한 살 터울의 형 알베르 장느레(Albert Jeanneret)가 이 집을 스튜디오로 사용하며 1973년 사망할 때까지 살았다. 어머니가 계셨기에 삼십대 중반 이후 르코르뷔지에의 마음에는 늘 이 집이 있었고, 멀리 떨어져 살았지만 기회만 되면 방문하려고 애썼다. 그는 부모님의 집을 짓기 위한 대지를 찾을 때 유럽 대도시 어디서도 쉽게 접근할 수 있는 곳을 염두에 두었다.

그는 이 집을 생각하면 부모님에게 미안한 마음도 있었을 것이다. 그의 부모님은 고향인 라쇼드퐁에서 막 건축가로서 활동을 시작했던 아들에게 1912년 자신들을 위한 주택(Villa Jeanneret-Perret)을 의뢰했다. 당시 르코르뷔지에의 능력이 최대로 발현된 이 집은 건축적으로 만족스러웠지만, 부모님의 재정능력을 한참 넘어선 공사비는 가족에게 큰 부담이 됐다. 이는 아버지가 현역에서 은퇴했을 때 살림 규모를 줄이기 위해 작은 집으로 옮겨야 했던 여러 원인들 중 하나였을 것이다. 1923년 르코르뷔지에는 활발한 저술 활동을 통해 근대건축의 정신을 전파하는 진보적인 문화·예술비평가로 활동하는 한편, 화가와 건축가로서 파리에서 입지를 다지고 있었지만, 경제적으로 부모님을 도울 여력은 없었다. 1917년 파리 정착 후 호구지책이자, 철근 콘크리트로 짓는 산업용 건물을 설계하는 산업 건축가로서, 그리고 발전소의 부산물로 블록과 타일을 제조하는 공장을 경영하는 기업가로서 입지를 다지기 위해 사업을 시작했으나, 늘 자금난에 시달렸던 그의 공장이 1921년 센 강의 범람으로 문을 닫더니 연이어 1923년에 파산을 맞은 것이다. 이런 상황에서도 부모는 변함없이 자식을 신뢰했고, 아들은 부모님이 여생을 보낼 집을 구상했다.

'작은 집'은 이처럼 출발점에서부터 이미 경제적으로 절약해야 했던 배경을 안고 있었다. 그러나 이러한 예산상의 제약과 작은 규모가 르코르뷔지에의 건축적 영감과 확신을 위축시키지는 않았다. 도리어 그의 건축적 상상력을 자극했고, 평생을 통해 탐구한 새로운 건축으로의 방향을 잡아 주는 계기가 됐다.

'작은 집'은 르코르뷔지에가 파리에서 순수주의(純粹主義, Le Purisme) 건축가로서 작업한 초기 작품에 해당한다. 거의 같은 시기에 완공된 것은 보크레송 주택(Villa Vaucresson, 1922-1923)과 오장팡 주택(Villa Ozenfant, 1923-1924) 정도였다. 이 세 주택은 자연의 질서와 기계화된 세상의 질서를 표현하려는 의도에서 비롯된 조형언어의 순수화 작업을 통해 명료성과 순수성의 예술을 추구한 1920년대 르코르뷔지에 건축의 출발을 보여 준다.

지배적인 감정과 그 심오한 의미, 즉 사회에 확산된 그 시대의 시대정신을 통찰력으로 발견하고 표현해야 하는 건축가였던 르코르뷔지에에게, 건축은 규모와 무관하게 시대에 기인하는 감정을 물리적으로 결정하는 체계였다. 사보아 주택(Villa Savoye, 1928-1931)에서 절정을 이룬 1920년대 그의 주택 연작은 향후 건축 연구의 핵심을 이뤘다. 그가 1929년 아르헨티나에서 열린 일련의 강연에서 건축의 기본을 설명하며 사례를 든 것도 모두 주거건축이었다. 문과 창문을 어떻게 만들며 어디에 둘 건지, 어떤 형태의 방을 구성할 것인지, 부속물이 완비된 식당과 부엌, 침실의 기능을 완벽하게 보장하면서 얼마만한 면적을 최소의 크기로 잡을 건지 등을 우리 모두가 이미 체험하고 있는 주거를 통해 연구하자는 것이었다. 예를 들어 창과 문의 위치를 정하는 다양한 해법에 따라 각각 다른 건축적 느낌을 받게 되는데, 그는 이 다양한 해결책이 건축의 기초라고 생각했다.

이 책은 강연회보다 육 년 전에 구상된 이 '작은 집'이 이미 이러한 정신으로 계획됐음을 증언한다. 주변 상황과 대지 조건과의 대응, 각 기능들을 위한 최소한의 면적으로 충족된 공간성, 순환동선으로서의 건축 개념, 긴 수평창의 내외부적 의미, 담장에 의한 전망 조절, 옥상 테라스의 존재, 마당에 심었던 각종 나무들 이야기, 이곳에서도 피할 수 없었던 아카데미즘과의 갈등까지 담은 책의 내용은 '작은 집'에 충만한 근대건축의 정신적 에너지를 드러낸다. 르코르뷔지에에게 과거 건축의 폐단인 허식을 떠나 평범한 사람을 위한 주택연구는 인간적 기반, 인간적 척도, 필요형, 기능형, 감동형을 되찾는 것이었다. 레만 호숫가의 '작은 집' 계획은 단순히 하나의 개별 집을 짓기 위한 일회성 방편이 아니라 일생 동안 지속된 건축연구의 중요한 출발점이었던 것이다.

'작은 집'이 보여 주는 건축적 추상성은 건축의 기능을 가장 고양시킬 수 있는 방안이기도 했다. 새로운 기계시대의 도래에 따라 자연의 법칙에서 도출한 수학적 계산을 활용하여 건축을 하는 엔지니어의 미학을 존중하는 의식이기도 했던 추상성은, 장식예술에 심취해 있던 당시 주류 아카데미즘에 대항하여 그가 투쟁할 수 있는 미학적 근거이기도 했다. 그가 사용한 입방체(立方體)는 조직적이며 분명히 의식적인 행위이자 정신적인 현상으로, 모호함이 없이 간결성과 명확함을 드러내는 기본 형태들에 대한 르코르뷔지에의 선호를 보여 준다. 무질서나 비조직화, 갈등 상황, 혼란을 극복하고, 건축을 조직화와 내적구성의 문제로 받아들이면서 삶과 조화, 그리고 아름다움의 원천인 기능을 전면에 내세우는 것이다. 건축적 구성을 기하학적으로, 주로 시각적 질서이자 양(量)과의 관계로, 그리고 비례의 감상으로 보는 그는, 혼란스러운 세상의 무질서를 진정시키고 정화할 수 있는 단순 형태의 가능성에 주목했다. 복잡한 형태는 단순성을 담지 못하지만, 반대로 단순함은 모든 복합성을 수용할 수 있다. 이 집은 복잡한 지형을 따라 계단식으로 경작되는 포도밭들과 알프스 산맥의 장엄한 윤곽 사이에서 가장 단순한 형태로 정체성을 지키면서도 주변과 조화를 이룬다. 이때 레만 호수의 절대적 수평성은 든든한 지원군이다.

    이러한 단순함은 정밀하고 조직적인 배열이 성취됐을 때 가치를 얻게 된다. 이 집에서 보이는 미니멀한 특성은 정확성이 생명이다. 경제성에 의해 주도되어, 미니멀은 핵심만을 남기고 욕구와 필요를 여과한다. 그러면서 예상되는 유익함을 정확하게 정의한다. 건축에서 대지를 매우 중시하는 르코르뷔지에가, 들어가 '살기 위한 기계'처럼 프로그램을 정확히 충족시키는, 매우 엄격하게 기능적이면서도 장방형의 미니멀한 평면을 먼저 작성한 이후에 적당한 대지를 찾아 나선 것은 이례적인 접근 방식이었다. 데보라 갠스(Deborah Gans)의 말에 의하면, "마치 장갑처럼 꼭 들어맞는" 대지의 신원을 확인하는 것 같은 이 '작은 집'의 계획안은 "요구된 풍경과 연관되어서만 스스로를 완벽하게 표현할 수 있는 주거의 아이디어를 내포"하고 있는데, 이 풍경 또한 처음부터 의도된 것이었다. 도우미 없이 사는 연로한 부모님만을 위한 집은, 협소하지만 단절되지 않은 공간 구성으로 인해 실제보다 넓게 느껴진다. 욕실과 침실 및 거실 전체 길이에 해당하는 십일 미터의 긴 창으로 인해, 폭 사 미터의 좁은 내부는 호수와 산맥의 광활함을 포용한다. 미니멀한 이 창은 원하는 조망과 빛의 효과를 기대하며 형태가 정해졌다. 동쪽의 지붕 일부가 치솟아 있어 아침이면 그쪽 창으로 들어온 햇빛이 눈이 편하도록 천장과 벽에 퍼진다. 입면 구성에서 필요한 높이를 확보한 옥상정원은 나쁜 기후에 대응하면서 빼어난 경치를 제공한다.

    르코르뷔지에가 1926년에 발표한 '새로운 건축의 다섯 가지

원칙(Cinq points de l'architecture nouvelle)' 가운데 옥상정원(여기서 처음 나타났다), 자유로운 평면, 수평창이 적용된 이 집에 대한 기록은 자그마한 단층 주택에 담긴 건축가의 의도를 간략하게 설명하고 있다. 하지만 여기에는 단순한 외관 속의 풍요로운 내부공간, 자연광과 조망에의 대응법, 추상성과 기능, 동선과 (매스가 아닌) 볼륨으로서의 건축, 질서와 조화로서의 건축과 같이 그가 건축가로서 일생을 통해 지속해 나간 '끈기 있는 탐구(recherche patiente)'가 수행되고 있음을 보여 준다. 르코르뷔지에의 건축은 1930년대 이후부터는 1920년대의 백색 미학과 플라톤적 기하학이 감춰지고 토속적인 건축체계가 적용되는 등 변화를 보였지만, 그는 결코 초기의 신념이나 그 원천들을 폐기하지 않았다. 자신의 작품을 반복 해석해 봄으로써 이미 일어난 일들에 대한 자각을 진보의 밑거름으로 삼은 그의 경이로운 지적 순환이 결코 멈추지 않은 것이다.

이 주택은 1962년 6월 22일 보(Vaud) 주 정부로부터 역사 기념물로 지정되어 관리되고 있다.

2012년 7월
이관석

르코르뷔지에(Le Corbusier, 1887-1965)는 스위스 태생의 프랑스 건축가로, 본명은 샤를 에두아르 잔느레(Charles Édouard Jeanneret)이다. 1917년 파리에 정착하여 만난 화가 오장팡과 함께 1920년에 순수주의(Le Purisme)를 제창했고, 예술을 종합적으로 취급한 『레스프리 누보(L'Esprit Nouveau)』를 간행하여 모던운동의 최전선에 나섰다. 『건축을 향하여(Vers une Architecture)』를 중심으로 한 다수의 저서와 건축이론 및 작품으로 이십세기 건축 거장의 반열에 올랐다. 근대건축 국제회의(CIAM)의 창립에 참여했으며, 이후 프랑스뿐만 아니라 구 소련, 남북 아메리카, 북아프리카, 인도 등지에서 폭넓은 활동을 전개했다. 대표적인 작품으로는 사보아 주택, 롱샹 성당, 라투레트 수도원 등이 있다.

이관석(李官錫)은 1961년 출생으로, 프랑스 파리벨빌건축대학에서 건축설계를, 파리 1대학에서 근현대 건축사와 박물관 건축을 연구했다. 프랑스 건축사이자 예술사학 박사로, 현재는 경희대학교 건축학과 교수로 재직 중이다. 저서로 『빛을 따라 건축적 산책을 떠나다』 『건축, 르코르뷔지에의 정의』 『빛과 공간의 건축가 르코르뷔지에』 『현대 뮤지엄 건축』 『르코르뷔지에의 건축 수업』 『뮤지엄, 공간의 탐구』 『역사와 현대 건축의 만남』 등이 있으며, 역서로 『건축을 향하여』 『프레시지옹』 『오늘날의 장식예술』 『느림의 건축을 위하여』 등이 있다.

# 작은집

르코르뷔지에
이관석 옮김

초판1쇄 발행 2012년 8월 1일
초판5쇄 발행 2022년 12월 15일
발행인 李起雄 발행처 悅話堂
경기도 파주시 광인사길 25 파주출판도시
전화 031-955-7000 팩스 031-955-7010
www.youlhwadang.co.kr  yhdp@youlhwadang.co.kr
등록번호 제10-74호 등록일자 1971년 7월 2일
편집 이수정 박미  디자인 엄세희
인쇄 제책 (주)상지사피앤비

ISBN 978-89-301-0426-5  03610

**Une petite maison**
© 2001 Birkhäuser GmbH, P.O. Box, 4002 Basel, Switzerland.
© 1954, 2001 Fondation Le Corbusier, Paris, France.

Korean edition © 2012, Youlhwadang Publishers.
Printed in Korea.